小山的中国地理探险日志

U0166562

蔡峰————编绘

栗河冰————主审

四大盆地

下卷

电子工业出版社

Publishing House of Electronics Industry

北京·BEIJING

未经许可，不得以任何方式复制或抄袭本书之部分或全部内容。

版权所有，侵权必究。

图书在版编目（CIP）数据

小山的中国地理探险日志. 四大盆地. 下卷 / 蔡峰编绘. -- 北京 : 电子工业出版社, 2021.8
ISBN 978-7-121-41503-6

Ⅰ. ①小… Ⅱ. ①蔡… Ⅲ. ①自然地理 – 中国 – 青少年读物 Ⅳ. ①P942-49

中国版本图书馆CIP数据核字（2021）第128713号

责任编辑：季　萌
印　　刷：天津市银博印刷集团有限公司
装　　订：天津市银博印刷集团有限公司
出版发行：电子工业出版社
　　　　　北京市海淀区万寿路173信箱　邮编：100036
开　　本：889×1194　1/16　印张：36.25　字数：371.7千字
版　　次：2021年8月第1版
印　　次：2024年11月第8次印刷
定　　价：260.00元（全12册）

凡所购买电子工业出版社图书有缺损问题，请向购买书店调换。若书店售缺，请与本社发行
部联系，联系及邮购电话：（010）88254888，88258888。

质量投诉请发邮件至zlts@phei.com.cn，盗版侵权举报请发邮件至dbqq@phei.com.cn。

本书咨询联系方式：（010）88254161转1860，jimeng@phei.com.cn。

四大盆地

盆地主要是由于地壳运动形成的。中国的盆地数量很多。其中，塔里木盆地、准噶尔盆地、柴达木盆地和四川盆地被誉为中国的四大盆地，特色各异。在本书中，小山先生要去了解这些盆地。

你准备好了吗？现在就跟小山先生一起出发吧！

目录

柴达木盆地

　　柴达木盆地位于青海省西北部，青藏高原东北部，阿尔金山脉、祁连山脉和昆仑山脉之间，面积约 24 万平方千米，地势自西北向东南缓倾，海拔 2600～3000 米，属封闭性的巨大山间断陷盆地，是中国地势最高的内陆盆地。

平坦、辽阔、干旱、苍凉、
荒芜······的**柴达木盆地**。

这里有着中国规模
最大的雅丹地貌群。

倾斜的地层在风的剥蚀下，形成了独特的
单面山造型。断崖下是风道，地面被风吹蚀出一
道道如同巨大车辙的线条，向远处延绵伸展。

名副其实的"聚宝盆"

柴达木盆地虽然荒凉，物产却很丰富，被人们称为"聚宝盆"，主要因为盆地中有许多盐湖，以及铁矿、铜矿、锡矿、盐矿等50余种矿物，已探明的矿点有200余处。其中锡铁山铅锌矿是中国已知最大的铅锌矿之一。

"柴达木"在蒙古语里有两层意思，一是"辽阔的地方"，一是"盐泽"。

柴达木盆地有盐湖33个。盐湖资源不仅储量大，而且品质高、类型全、分布集中，资源组合好，开采条件优越。

位于柴达木盆地中南部的察尔汗盐湖总面积5856平方千米，是中国最大的天然盐湖。

这些白色物质就是钾肥。

钾肥，全称钾素肥料，是以钾素营养元素为主要成分的化肥，能促进光合作用，提高光合效率，积极帮助农作物生长，被农民视如珍宝。

中国钾镁盐的主要产地

察尔汗盐湖蕴含着丰富的钾、镁、食盐，储量超过死海和美国的大盐湖，是中国钾镁盐的主要产地。

事实上,柴达木盆地原是一个巨大的内陆咸水湖泊,后来因青藏高原的抬升和雨量的不断减少,得不到充足的降水,湖水不断干涸,才形成了现在这个巨型的天然盐湖盆地。

距今 5.13 亿年前的早古生代初期，原本陆块联结的古中国大陆开始解体，柴达木盆地区域从中分离出来，成为一片浅海。

距今 4 亿年前的晚古生代早期，由于板块的俯冲及碰撞作用，柴达木盆地南北两侧的海槽开始封闭，引起强烈的构造运动，柴达木地区不断隆升。

距今 2 亿年前，板块运动持续，海水渐退，柴达木地区形成了内陆盆地。

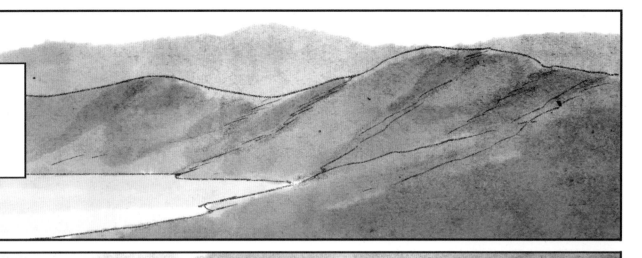

距今约 2300 万年前的渐新世晚期，由于柴达木地区的气候非常湿热，盆地中形成了一个面积约 5.7 万平方千米的淡水湖泊。

距今 900 万至 150 万年的上新世时，盆地的中、东部沉降加剧，湖泊中心东移。气候日渐干燥，湖泊面积也在缩小，原来的大湖被分割为几个湖群。生物种群减少，湖水矿化度不断提高。

到了近 1 万年来的全新世，气候愈发干旱，蒸发量是降水量的几十倍甚至上百倍。盆地南、北两侧山地中大量含硼、钾、锂等盐类矿物的岩石在此时被河流带到湖泊中沉积下来。

这些元素在湖泊中聚集，湖水的化学成分发生变化，慢慢就变成了盐。

柴达木盆地的地貌复杂且独特，包括高山、丘陵、冲洪积平原、湖积平原等。沼泽、盐沼等则叠置在冲湖积平原和湖积平原之上。

在察尔汗盐湖区的东端靠北缘的北霍鲁逊湖一带，分布着面积广阔的盐沼地貌。

连片的盐沼面积约 4 万平方千米。可以说，柴达木盆地是世界上盐沼分布面积最大的地区。

这些盐沼堪称上天赐给柴达木盆地的最珍贵礼物。

??

......

它们不仅蕴藏着丰富的盐业资源，还阻止了沙漠在盆地的肆意扩张，也是当地畜牧业的重要草场。

糟了......

位于柴达木盆地中部的是柴达木沙漠，它是世界上海拔最高的沙漠，海拔 2500 ~ 3000 米。

沙漠面积大约 3.49 万平方千米，约占柴达木盆地总面积的三分之一。

人们说，柴达木盆地是地球上最像火星的地方。因为这里各种复杂而独特的地貌与人们认知中的火星地表颇为相似。

火星

柴达木盆地

来过柴达木盆地，就算是体验了一次火星之旅……

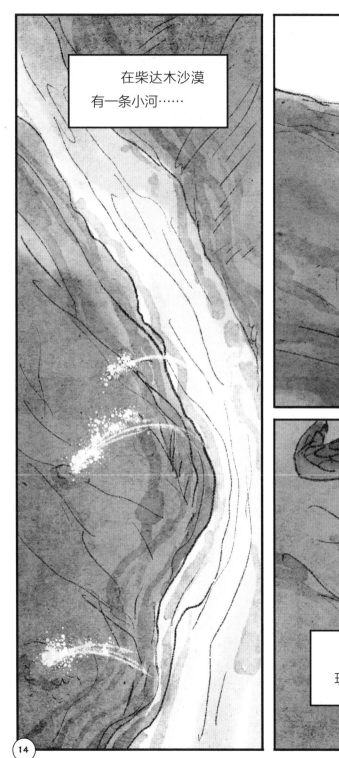

在柴达木沙漠
有一条小河……

这条河流两边有非常多的泉眼，这些泉眼一年四季都在间歇性往外冒水。

是热水！

科学上称此神奇
现象为"间歇泉"。

间歇泉，是温泉的一种，因为地下水受熔浆烘烤变成水汽，水汽沿地表裂缝上升，间歇地喷出而形成。

目前已知的中国规模最大的间歇喷泉群是位于西藏的塔格架间歇泉，它也是世界上海拔最高的间歇泉。

这些泉眼使得柴达木沙漠这条小河的泉水一年四季长流不断。不论旱涝，泉水的流量不涨不消。即使在寒冷的冬天，这里也不会结冰。

无尽的荒漠，干燥的盐滩，嶙峋的雅丹，这些地貌组合造就了柴达木盆地的独特美感。

沙漠上的沙丘分布零散，且多与戈壁交错分布于山前洪积平原上。

在盆地西南部的祁曼塔格山、沙松乌拉山北麓等地沙丘比较集中。

沙丘多为流动的新月形沙丘、沙丘链和沙垄。固定、半固定的灌丛沙堆则散布在洪积平原前缘潜水位较高的地带。

沙丘的发育过程

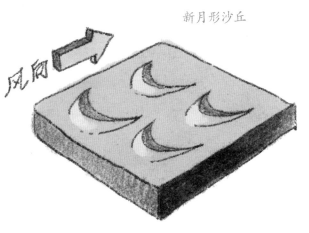

新月形沙丘

发育初期，沙量较小。

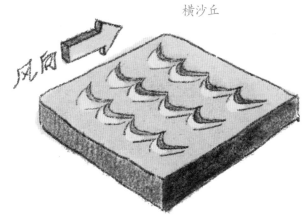

横沙丘

沙量渐多，使新月形沙丘彼此相连，走向与风向垂直。

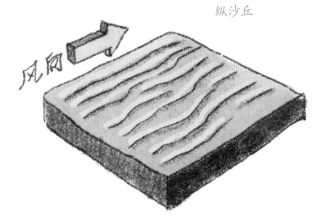

纵沙丘

风力增强使横沙丘被风吹断为纵沙丘。

柴达木盆地中还发育有多个次一级的小型山间盆地，包括尕斯湖、马海、苏干湖、大小柴旦、德令哈等盆地，可谓盆中有盆，盆盆相连。

在一处戈壁滩上，有一座约 2000 米长、70 米宽的小丘陵，人称"贝壳梁"。

贝壳梁表面薄薄的盐碱土盖下面竟是厚达 20 多米的贝壳堆积层。这一罕见的自然奇观，是迄今为止中国内陆盆地发现的最大规模的古生物地层。

贝壳的轮廓和纹路清晰可辨。

在漫长的地质时期，曾为汪洋的柴达木盆地的海水逐渐在青藏高原上退去，进而消失；海洋中的贝类则被飞沙掩埋，阻隔在山体之间。这些只有在汪洋中才能探觅到的贝螺，在柴达木盆地的诺木洪草原上展现得淋漓尽致并且堆积如山。

贝壳梁是一大奇迹，也是柴达木盆地地质变迁的缩影。

四川盆地

　　四川盆地也被称为川渝盆地，位于四川省和重庆市境内，西邻青藏高原，是中国四大盆地之一。四川盆地面积约 26 万平方千米，农业发达，其中的成都平原有"天府之国"之称。它是中国和世界上人口最稠密的地区之一，也是巴蜀文化的摇篮。

四川盆地由连结的山脉环绕而成，东边是巫山，南边是大娄山，西边是大雪山、邛崃（qióng lái）山、岷山，北边是大巴山、米仓山、龙门山。

从地理上看，四川盆地几乎是完全封闭的，看起来如同一个巨大的陨石坑。

在排水方面，长江成为四川盆地唯一的排水通道。

盆地内的主要城市有：成都、重庆、自贡、广安、乐山、眉山、德阳、绵阳。

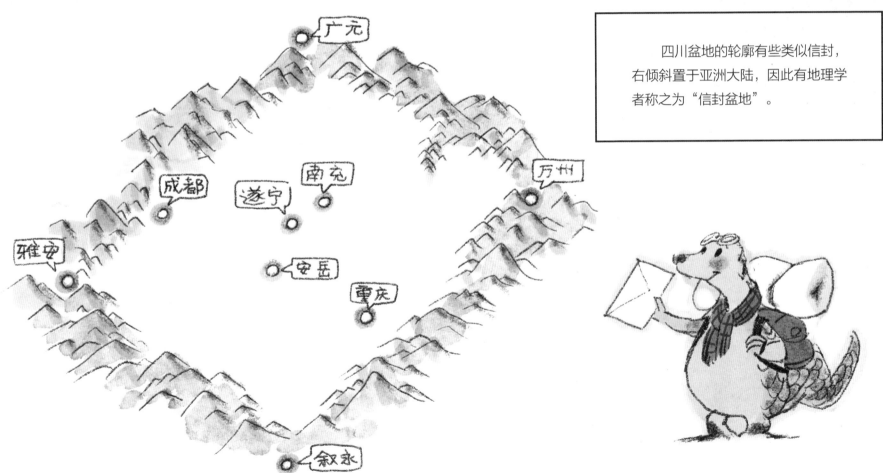

四川盆地的轮廓有些类似信封，右倾斜置于亚洲大陆，因此有地理学者称之为"信封盆地"。

广元

成都

遂宁

南充

万州

雅安

安岳

重庆

叙永

盆地内部地形地貌显示出明显的三分特点：盆西平原地貌、盆中丘陵地貌和盆东山地地貌。三者以龙泉山和华蓥（yíng）山为界。

四川盆地属扬子陆台的一部分，称为四川陆台。三亿多年前原为海洋盆地，随着距今 1.9 亿年的"印支运动"，盆地边缘逐渐隆起成山，被海水淹没的地区逐渐上升成陆地，由海盆转为湖盆。

当时湖水几乎占据现今四川盆地的全境，称为"巴蜀湖"。

距今约 7000 万年前的白垩纪末期，发生了一次强烈的地壳运动——"燕山运动"，使盆地四周的山地继续隆起，同时产生不少大断层，如盆地西部的龙门山大断层和东部的华蓥山大断层，把盆地分为了三部分。

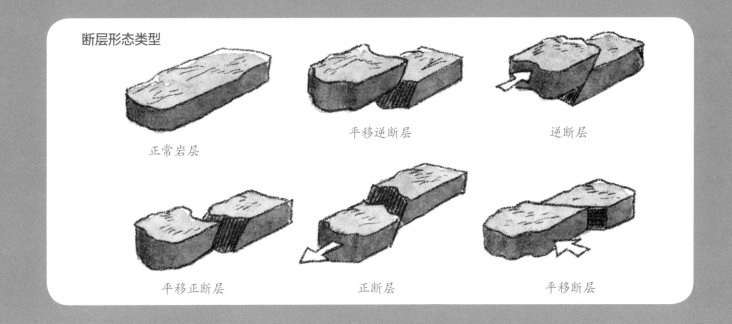

断层形态类型

正常岩层

平移逆断层

逆断层

平移正断层

正断层

平移断层

龙门山

四川盆地

什么是断层？

断层是构造运动中广泛发育的构造形态。构成断层的破裂面是断层面，也就是断层两侧岩体沿之产生显著滑动位移的面。断层通常出现在地壳活动频繁的区域，并与地震、海啸等天灾有关联性。大型的断层通常是板块运动造成地壳活动的结果，无论是两个板块分离、挤压、隐没、相对旋转或是平移都有可能产生断层。

封闭的盆地地形加上急剧缩小的水面，使气候变得干热。大量风化、侵蚀、剥蚀的物质在盆地堆积了数千米厚。

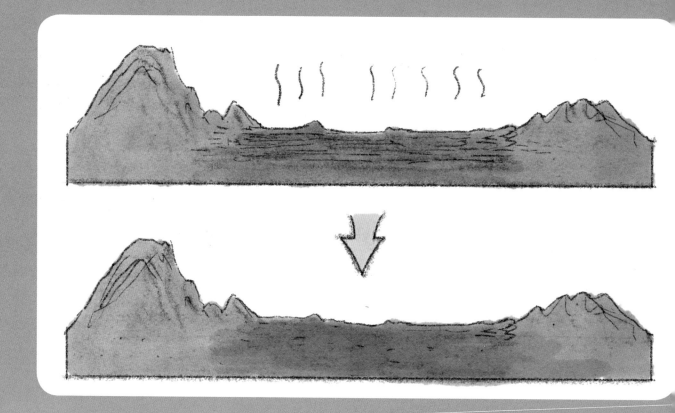

植物逐渐衰退、恐龙灭绝后，内陆湖泊在干燥环境下强烈蒸发，浓度增大，盐分不断积累，形成了盐湖。后来被泥沙掩埋而保存于地层之中，经过漫长的地质作用形成岩盐。

沧桑巨变

距今二三百万年的第四纪，地壳再次发生构造运动。巫山两侧水系溯源侵蚀，共同切穿巫山，形成举世闻名的长江三峡，盆地之水纳入长江水系，四川盆地从此由内流盆地变为外流陆盆，由封闭的内流区变为外流区，由以堆积为主变为侵蚀为主，经历了海盆——湖盆——陆盆的沧桑之变。

天然盐泉

深埋在地底的岩盐层受长期的地质影响，许多岩盐裸露于地表，与地下水结合发生作用，形成了天然盐泉。如今，我国最大的井盐产地就在四川盆地内的自贡一带。

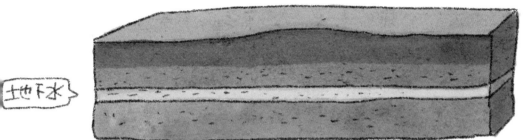

地下水

民生要事

历史上，盐业是直接关系民生的大事，作为历朝历代的支柱产业而存在，是国家重要财政来源之一。所以，川盐经济在巴蜀具有举足轻重的地位。

这里是目前全国仅存的手工制盐作坊——燊 (shēn) 海井。

燊海井是一口清代凿成的天然气和黑卤生产井，是世界上第一口超千米深井，位于四川省自贡市东北部。

四川盆地的构成

四川盆地由盆周山地和盆地底部构成。盆周东部为长江三峡，南部为云贵高原，西部为青藏高原，北部为大巴山。

四川盆地的地貌特征

盆地边缘山地区属强烈上升的褶皱带。地貌的显著特征是：海拔较高，过渡性明显，均被一系列中山和低山所围绕。

雄伟山体

盆地北缘米仓山、大巴山近东西走向，是秦巴山地南翼部分，海拔一般在1500 ~ 2200 米，山势雄伟，山坡陡峭，沟谷深切，相对高差可达500 ~ 1000 米。

南缘是大娄山，是云贵高原上的一座山脉。

西缘有龙门山、邛崃山、峨眉山，山脊海拔1500 ~ 3000 米，相对高差可达1000 米，属中国地势第一级阶梯。峨眉山顶峰高3099 米，与附近的平原相对高差达2660 米。

海拔 3000 米以上

海拔 3000 米以下

盆地底部自西向东分为成都平原、川中丘陵和川东平行岭谷三部分。龙泉山是成都平原和川中丘陵的界山。

东部龙泉山，西部龙门山，中间成都平原。这个地形基础，奠定了成都延续几千年的"两山夹一城"的城市格局。

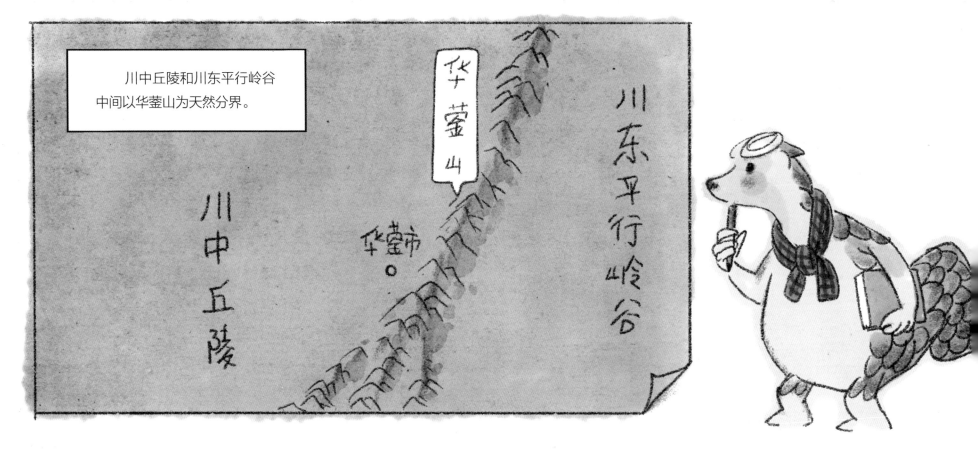

川中丘陵和川东平行岭谷中间以华蓥山为天然分界。

华蓥山

华蓥市

川东平行岭谷

川中丘陵

褶皱地质构造示意图

华蓥山亦称西山，古称华银山，是川东平行岭谷的主体山脉，地质构造为褶皱背斜山地，与美洲的阿巴拉契亚山、安第斯山并称世界三大褶皱山系。

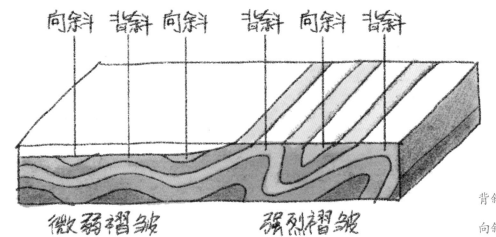

向斜　背斜　向斜　　背斜　向斜　背斜

微弱褶皱　　　强烈褶皱

背斜：岩层相背弯曲

向斜：岩层相对弯曲

华蓥山脉北起大巴山南麓，南延至重庆江津，纵跨四川、重庆两省市，延绵 300 余千米，有九峰山、缙云山和中梁山 3 条支脉。山势东缓西陡，平均海拔 700 ~ 1000 米，主峰高登山海拔 1704.1 米，为四川盆地底部最高峰。

向斜成山，背斜成谷示意图

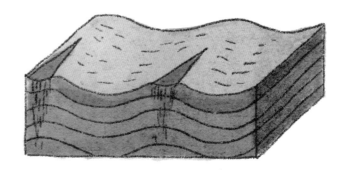

背斜顶部张裂隙发育，容易被腐蚀。

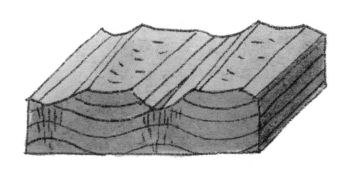

背斜顶部逐渐被腐蚀，沟谷扩大。

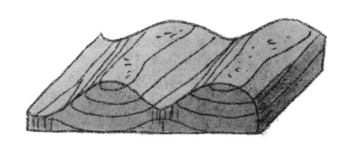

背斜发育成沟谷，向斜发育成山。

盆中丘陵

川中丘陵是中国最典型的方山丘陵区，也称盆中丘陵。西面是盆地内龙泉山，东为华蓥山，北靠大巴山麓，南依长江，面积约8.4万平方千米。

丘陵集中分布区

川中丘陵是四川东部地台最稳定部分，岩层整平或倾角极小。经嘉陵江、涪江、沱江等河流切割后，地表丘陵起伏，沟谷迂回，海拔一般在250~600米，丘谷高差50~100米，南部多浅丘，北部多深丘，属四川省丘陵集中分布区。

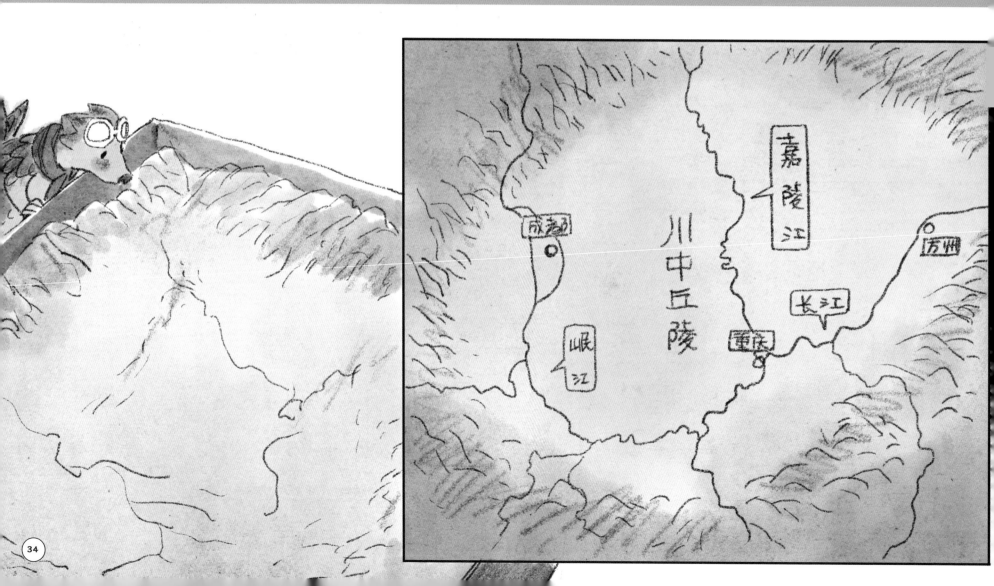

丘陵

是指高度在平原和山地之间，并由众多小丘连绵组成的地形。丘陵一般比较低矮，顶部浑圆，坡度和缓，没有明显的脉络，海拔一般在200～500米。

山地

是指海拔在500米以上的高地，起伏很大，坡度陡峻，沟谷幽深，一般多呈脉状分布。山地是一个多山的地域，有别于单一的山或山脉，山地表面形态奇特多样，有的彼此平行，绵延数千千米；有的相互重叠，犬牙交错，山里套山，山外有山，连绵不断。山地与丘陵的差别是山地的高度差异比丘陵要大。

四川盆地西缘山地是中国特有的古老动物保存最好、最集中的地区，最为著名的动物是我国国宝大熊猫。

你好！

金丝猴

白唇鹿

扭角羚

平武、青川、北川、宝兴、天全、洪雅等地为中国大熊猫的主要分布区。其他属于国家一级保护动物的有金丝猴、扭角羚、灰金丝猴、白唇鹿等。

珍贵特有动物有雪豹、鬣（liè）羚、短尾猴、猕猴、毛冠鹿、水獭（tǎ）及鸳鸯、血雉、红腹角雉、绿尾虹雉、白腹锦鸡、红腹锦鸡等。

在四川盆地边缘山地溪沟中的大鲵及长江、金沙江中的中华鲟、白鲟也为四川所特有，均属国家保护动物。

白腹锦鸡

短尾猴

绿尾虹雉

红腹角雉

鸳鸯

水獭

白垩纪

　　是地质年代中中生代的最后一个纪，长达 8000 万年，介于侏罗纪和古近纪之间。在这一时期，大陆被海洋分开，开花植物、恐龙、蛇、蛾、蜜蜂以及许多新的小型哺乳动物相继出现。

短命植物

是生长于干旱荒漠地区，能利用早春雨水或雪水在夏季干旱到来之前完成生长、开花、结果等生活周期的植物。

固定沙丘

植物盖度大于40%或丘表有薄层黏土结皮、盐结皮，在风力作用下不发生位移的沙丘。

半固定沙丘

植被盖度15%～40%，或部分有黏土或盐结皮覆盖的沙丘。因条件改变或人类活动的影响，固定、半固定沙丘可转变为流动沙丘，反之亦然。

流动沙漠

在定向风的作用下，沙漠的移动趋势倾向于风吹动的方向。不断迁移的沙漠，如塔克拉玛干沙漠。

燕山运动

是侏罗纪到白垩纪时期中国广泛发生的地壳运动。我国许多地区地壳因为受到强有力的挤压，褶皱隆起，成为绵亘的山脉，北京附近的燕山是典型的代表。地质学家把出现在这个时期的强烈的地壳运动，总称为燕山运动。在中国东部因碰撞褶皱而形成山地和深谷的同时，中国中西部地区在近东西向的张裂作用下形成了一系列的构造盆地，四川盆地和柴达木盆地都是在这一时期形成的。燕山运动初步奠定了中国东部的现代地貌。

印支运动

在三叠纪期间到早侏罗世之前发生的地壳运动。在中国扬子板块西缘、西北缘的三江、巴颜喀拉—松潘、秦岭等地区表现最为强烈，形成规模巨大的印支褶皱带，使华南板块、羌塘微板块以及三江地区的一些微板块与欧亚大陆拼合。可以说，没有印支运动，就没有今天的中国大陆。

陆台

是大陆地壳的一级构造单元。由地槽旋回结束转化而成，是地壳上相对稳定的地区。